U0162006

生命篇
哇，科学有故事！

身体的故事

[韩]李兴宇/文　[韩]金淑景/绘　千太阳/译

人民东方出版传媒
People's Oriental Publishing & Media
东方出版社
The Oriental Press

目录

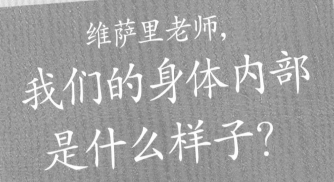

维萨里老师，
**我们的身体内部
是什么样子?**

在很久很久以前，曾有过这样一项法律："人是神创造的，所以对身体动刀是对神的不敬。"不过，我偏偏不相信这种说法，甚至还对死去的人进行解剖，最终解开了人体内脏器官的秘密。

2 世纪时，希腊曾有一位叫克劳迪亚斯·盖伦的医生。

盖伦喜欢解剖狗和猴子，再仔细观察它们体内的结构。

他认为，人的内脏器官肯定与猴子的内脏器官很相似。

盖伦把自己观察的内容编纂成书，还附上有关人体内脏器官的描述。

盖伦的书很快受到很多人的追捧。

因为在此之前，从未有人对人的内脏器官做过如此详细的说明。

在当时，想要成为医生，就必须细读盖伦的书。

即使盖伦去世后，这种情况也延续了一千三百多年。

人们从未想过盖伦的书中有错误的内容。

就在这时，比利时出现了一位名叫安德烈·维萨里的医生。

维萨里也是一位科学家，但凡引起他好奇心的东西，他都喜欢亲自尝试和观察。

维萨里决定亲自解剖人的尸体。

事实上，当时的医科大学里已经开启了对死人尸体的解剖研究。

维萨里开始解剖捐赠的尸体。

在对人的身体内部结构进行一番观察后，维萨里马上发现盖伦的书中有不少内容是错误的。

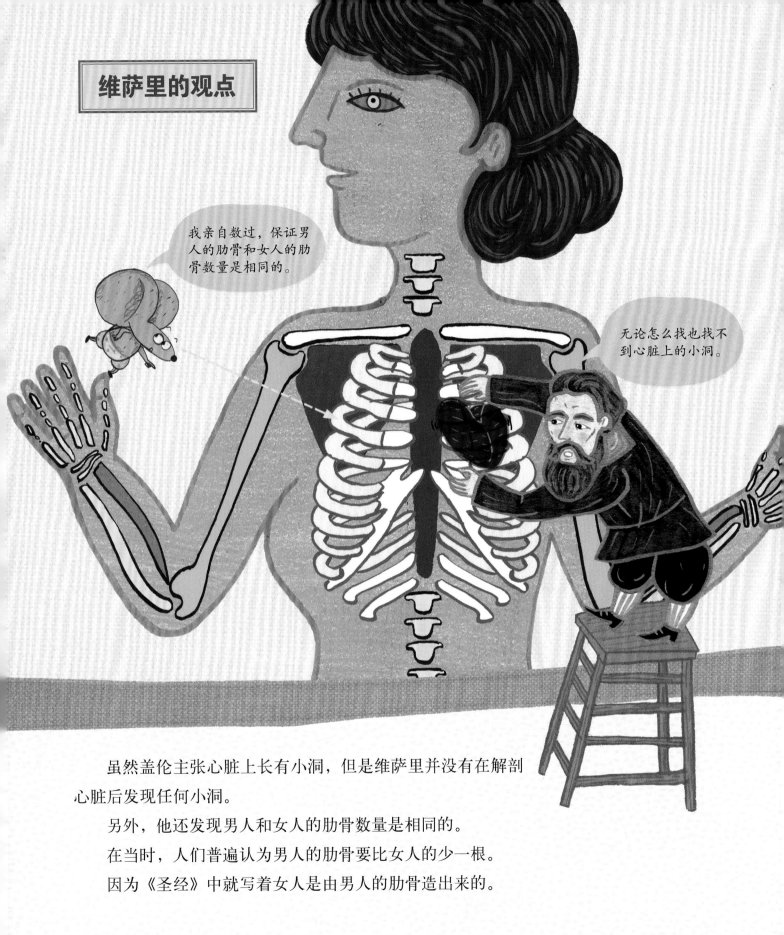

虽然盖伦主张心脏上长有小洞，但是维萨里并没有在解剖心脏后发现任何小洞。

另外，他还发现男人和女人的肋骨数量是相同的。

在当时，人们普遍认为男人的肋骨要比女人的少一根。

因为《圣经》中就写着女人是由男人的肋骨造出来的。

维萨里教育学生们："不要盲目地背盖伦的书。"

他将自己通过解剖发现的知识毫无保留地传授给学生们。

"人和猴子的内脏器官并不完全相同。"

他甚至会在上课时直接解剖猴子和人的尸体，并给学生们进行讲解。

他变得非常有名，甚至有人愿意花钱去听他讲课。

维萨里继续进行研究，发现了骨骼的作用。

维萨里还研究过人脑的功能。他解剖并观察活着的动物，然后与人进行对比。维萨里发现人脑和人的身体活动存在极大的关联。在此之前，人们都认为这些活动是由心脏负责的。

维萨里把自己解剖观察到的内容整理成书籍。

另外，在当时一位著名画家的帮助下，维萨里还画出肺、肝、胃等内脏器官，以及肌肉和骨骼的插图，放进自己的书里。

看到维萨里的书后，人们开始议论纷纷。

甚至有的人直接烧毁维萨里的书。

然而，随着时间的流逝，支持维萨里观点的人变得越来越多。

从那以后，人们纷纷舍弃盖伦的书，转而学习维萨里的书。

科学家们一边阅读维萨里的书，一边研究心脏、肝等内脏器官的功能。

于是，人们终于知道人生病时是哪个内脏器官出现了"故障"，以及为什么会出现"故障"了。

正因为有了维萨里的发现，医学才能获得如此巨大的发展。

人体构造

我们的体内有骨骼、肌肉、内脏器官、脑和神经组织，而外面则包裹着一层皮肤。骨骼和肌肉能够让我们的身体保持直立、进行运动，内脏器官能帮助我们进行呼吸、消化和排泄。而这一切都是由人脑进行指挥的。人脑的命令会顺着神经传达到全身的每一个角落。

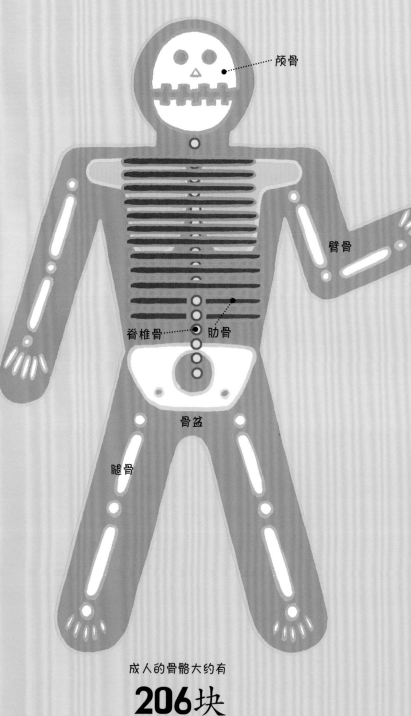

组成身体的骨骼

骨骼是维持人体形态的最坚硬的组织。

颅骨

臂骨

脊椎骨   肋骨

骨盆

腿骨

婴儿的骨骼大约有

305块

成人的骨骼大约有

206块

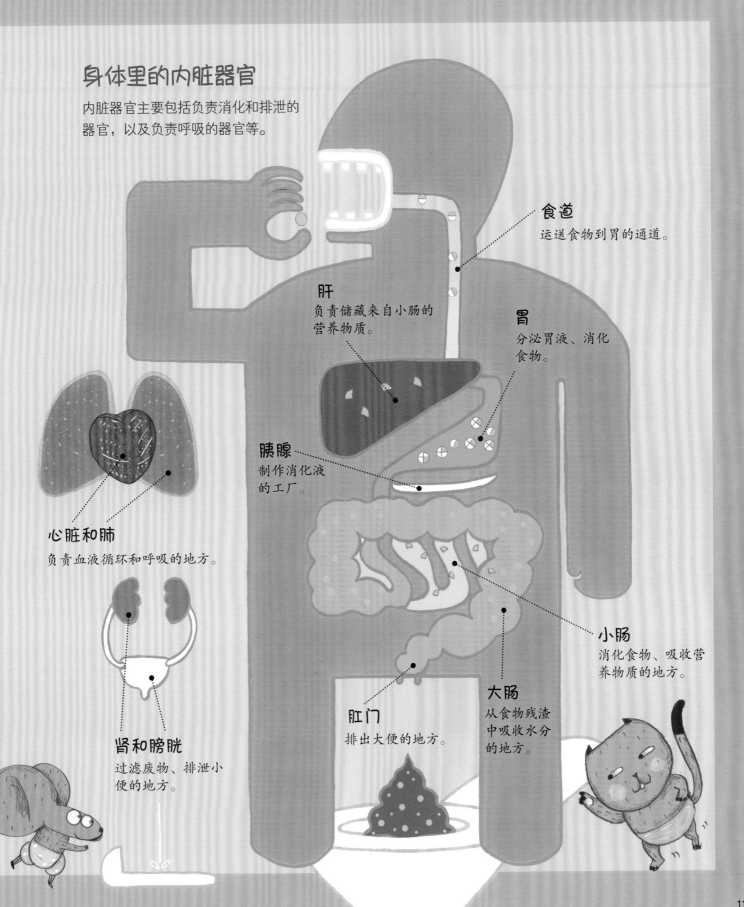

身体里的内脏器官

内脏器官主要包括负责消化和排泄的
器官，以及负责呼吸的器官等。

食道
运送食物到胃的通道。

肝
负责储藏来自小肠的
营养物质。

胃
分泌胃液、消化
食物。

胰腺
制作消化液
的工厂。

心脏和肺
负责血液循环和呼吸的地方。

小肠
消化食物、吸收营
养物质的地方。

肾和膀胱
过滤废物、排泄小
便的地方。

肛门
排出大便的地方。

大肠
从食物残渣
中吸收水分
的地方。

达·芬奇画的《人体解剖图》

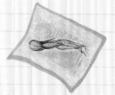

列奥纳多·达·芬奇是一位伟大的画家，著名的《最后的晚餐》《蒙娜丽莎》等都是他的作品。《蒙娜丽莎》如今就挂在法国巴黎的卢浮宫里。每天，都有来自世界各地的人为了观赏这幅画而排起长队。

达·芬奇出生于1452年，比维萨里早出生六十多年。达·芬奇活跃的时期，正是文艺复兴美术开始受到人们关注的时期。当时，所有画家都在追求人体的美。为了更好地描绘人体，画家达·芬奇甚至亲自解剖人体，然后仔细地将自己观察到的肌肉和内脏器官画下来。即使现在看到达·芬奇所画的人体结构图，也会有一种震撼人心的感觉。正是因为非常仔细地观察过人体结构，所以达·芬奇才能创作出如此优秀的绘画作品和雕塑作品。

达·芬奇画的《人体解剖图》

哈维老师，
人的心脏为什么会
"扑通扑通"地跳呢？

　　你也知道，人的心脏每时每刻都在"扑通扑通"地跳。那是因为心脏需要不停地向全身输送血液。从心脏中排出的血液会沿着血管流动，最终又返回到心脏。我也是经过长期对心脏的研究，才得出这一结论的。

盖伦曾经说过这样的话："血液来源于肝脏。肝脏里的血液会传遍全身，并在为我们提供力量后消失。另外，肝脏会不停地制造血液。"

可笑的是，在长达一千四百多年的时间里，很少有人质疑过盖伦的观点。

虽然有一位叫塞尔维特的科学家曾勇敢地提出过血液循环的观点，但被嘲笑为无稽之谈。

1628 年，英国医生威廉·哈维也好奇血液在我们体内的流动方式。于是，他就对狗、猫等动物的心脏进行观察。

他解剖了动物，发现不同动物的心脏跳动方式出奇地一致。哈维心中的疑惑变得更大了。

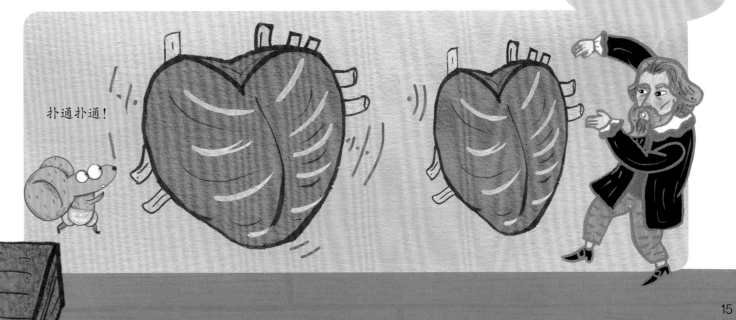

于是，哈维还打算解剖人的心脏，然后进行更详细的观察。

之后，他对包括心脏在内的人体各个部位进行全方位的观察，再将血液的流动方式一点点记录下来。

心脏探究日记

连接着心脏的血管，像树枝一样延伸至全身。

血管居然一直延伸至指尖。

他看到心脏收缩时，血液会泵出；而心脏膨胀时，血液则会被吸进去。这种过程，心脏每1分钟都会重复约70次。

16

哈维想："心脏之所以会不停地跳动，就是为了向全身输送血液。"

但是他的心中又产生了一个疑问："肝脏是否真的能够一直制造出如此多的血液来呢？"

如果对心脏每个小时泵出去的血量进行计算，你会发现其重量甚至超出人的体重。

心脏

突然，一个想法浮现在哈维的脑中："有没有可能是心脏里流出去血液，经过人体循环后，又重新回到心脏里呢？"

哈维继续展开研究，最终发现心脏里四个"房间"各自的功能。

"左心室负责把血液输送到全身，而经过全身循环的血液会通过右心房返回到心脏里。"

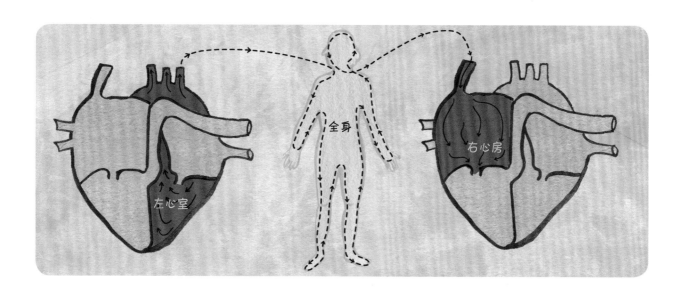

"右心室会把血液输送到肺部，而在经过肺部循环后，血液会重新流进左心房。"

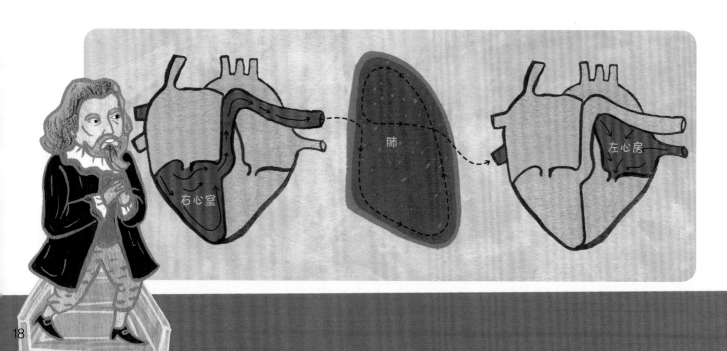

哈维知道自己的观点是正确的。于是，他就将这些事实告诉了大家："从心脏里流出的血液不会消失，而会重新流回心脏里。肝脏制造血液和血液会消失的说法是错误的。"

起初，人们并不相信哈维说的话。

但是没过多久，哈维的理论就得到了科学家们的证实。

多亏了哈维，才让塞尔维特提出的观点沉冤得雪。

正因为有了哈维坚持不懈的研究，人们才了解血液是通过心脏不停循环的真相，同时人体的秘密也开始陆续被人们解开。

血液循环

心脏中流出的血液在人的体内流动一圈后会重新回到心脏里。这个过程，我们称为"血液循环"。血液在进行循环时，会将氧气和营养物质输送到全身，再运走二氧化碳和废物。

血管的长度是多少？

血管是输送血液的管道。人体内的血管分为动脉、静脉及毛细血管等。

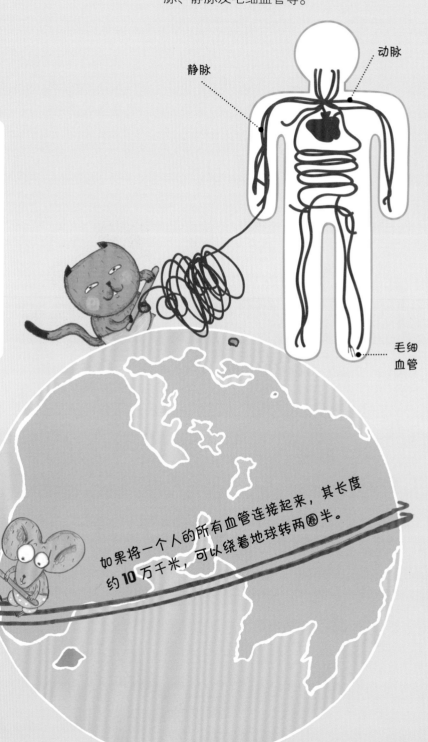

静脉

动脉

毛细血管

如果将一个人的所有血管连接起来，其长度约 **10** 万千米，可以绕着地球转两圈半。

人体血液循环一圈需要多长时间？

因人而异，但不会超过1分钟。

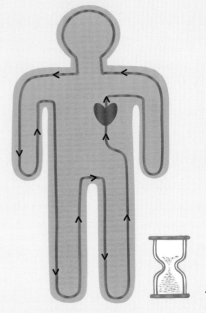

1分钟

人的体内究竟有多少血液？

一个人的血液总量大约为体重的8%，也就是4~6升。

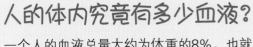

6升

8% = 1.5升 1.5升 1.5升 1.5升

血液是如何进行循环的？

左心室 → 大动脉 → 全身 → 大静脉 → 右心房 → 右心室 → 肺 → 左心房 → 左心室

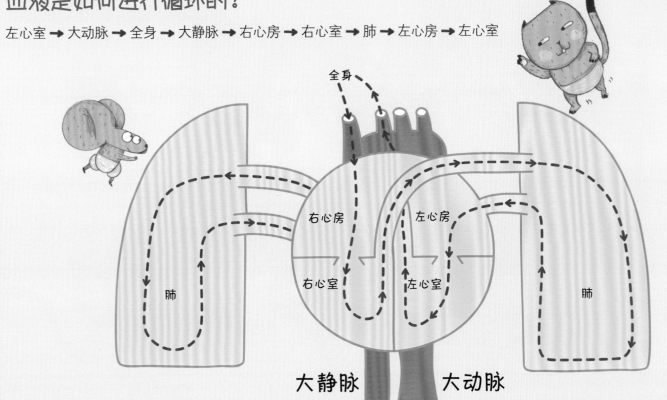

全身

肺　　右心房　　左心房　　肺

右心室　　左心室

大静脉　　大动脉

墨西哥原住民和可可果

巧克力由生长在热带国家的可可树果实制作而成。

有一天，一位墨西哥原住民无意间看到猴子在吃可可果。

于是出于好奇，他也尝了尝那种果实，结果发现自己的心情突然变好了。他想："这一定是神灵赐给我们的果实。"

据说，墨西哥原住民们就是用可可果来祭祀神灵的。

对于墨西哥原住民来说，可可果象征着心脏，而果实中的"可可水"则象征着血液。结婚时，新娘和新郎还会共饮一碗可可水，并许下海誓山盟。

科学家们的研究结果表明，巧克力真的对心脏有益。人在吃了巧克力后，心情会舒畅，心肌活力也会得到提高。如此一来，心脏自然就变得更加健康了。另外，听说吃巧克力还有改善血管的功效。血管得到改善，血液流动就会变得顺畅，心脏也会更加轻松地输送血液了。巧克力不仅能让人产生恋爱般的感觉，还能让心脏和血管变得更健康。

可可树的果实

布罗卡老师，听说我们身体的"指挥官"是人脑？

以前，人们都认为是心脏在操控我们的身体。后来，维萨里发现真正操控我们身体的其实是人脑。但是很久以后，人们才渐渐挖掘出人脑的具体功能。

1848 年，美国生活着一位心地善良的青年。

那位青年是个修路的工人。

有一天，施工现场发生了一场爆炸事故。

当时，一根长长的钢筋穿过青年的颅骨，插在他的脑袋上。

令人诧异的是，这位青年后来奇迹般地活了下来。

不过，自从遭遇那场事故之后，这位原本心地善良的青年却变得非常暴躁，动不动就骂人或打人。

"我说，你真的是我认识的那个朋友吗？我怎么感觉像换了个人似的。"朋友们纷纷开始远离他。

不久，青年还被公司解雇了。

而这位青年的主治医生——哈洛博士在得知这一情况后，产生了一个奇怪的想法。

这件事为人们研究人脑提供了非常重要的线索。

从那时起，科学家们开始意识到人脑的各个部位可能都有着特殊的功能。

法国一位名叫保尔·布罗卡的医生也对人脑的功能很感兴趣。

有一天，一位患者来找布罗卡。布罗卡向他问道：

布罗卡只好让患者把自己的想法写在纸上。

"我知道自己要说什么，但就是能说出来的只有'谈'。"

后来，那名患者没过多久就去世了。布罗卡是一位好奇心很强的医生，他解剖了患者的头颅。

他发现那位患者头部前方的左侧曾受到过一些创伤。

之后，布罗卡又遇到了几名病情相似的患者。

布罗卡终于明白，原来人脑的左前部与人的说话能力有关。

这个部位受伤的患者，即使人脑下达说出"妈妈"的命令，他也说不出来。

为了证实布罗卡的猜测是否正确，科学家们做了很多相关实验。

他们用弱电流贯通正常人脑袋的前方部位，然后让他开口说话。

"医生，我好像无法正……正……正常说……说话了。"

原本说话很流畅的人居然开始结巴起来。

经过这些测试，科学家们能够确定人脑的前方部位与说话能力有关。

后来有一天，一名患者来找一位名叫卡尔·韦尼克的医生。

韦尼克问他：

韦尼克马上意识到这位患者的病情可能有些特殊。

对方虽然能说话，却根本无法完整地表达自己要说的内容。

显然这名患者的病情不同于布罗卡之前的患者。

韦尼克同样也是一个好奇心很强的人。因此，在那名患者去世后，他也解剖了那名患者的头颅，结果发现他的头部后左侧的部位受过创伤。

韦尼克马上意识到如果这一部分受伤，人就说不出自己想说的话，只能胡言乱语。

例如，心中明明想说"手机"，却会说出"广播电"。

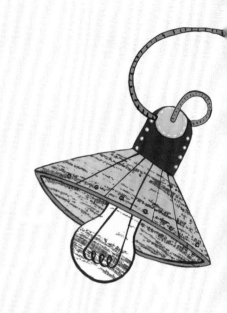

这是什么？

广播电。

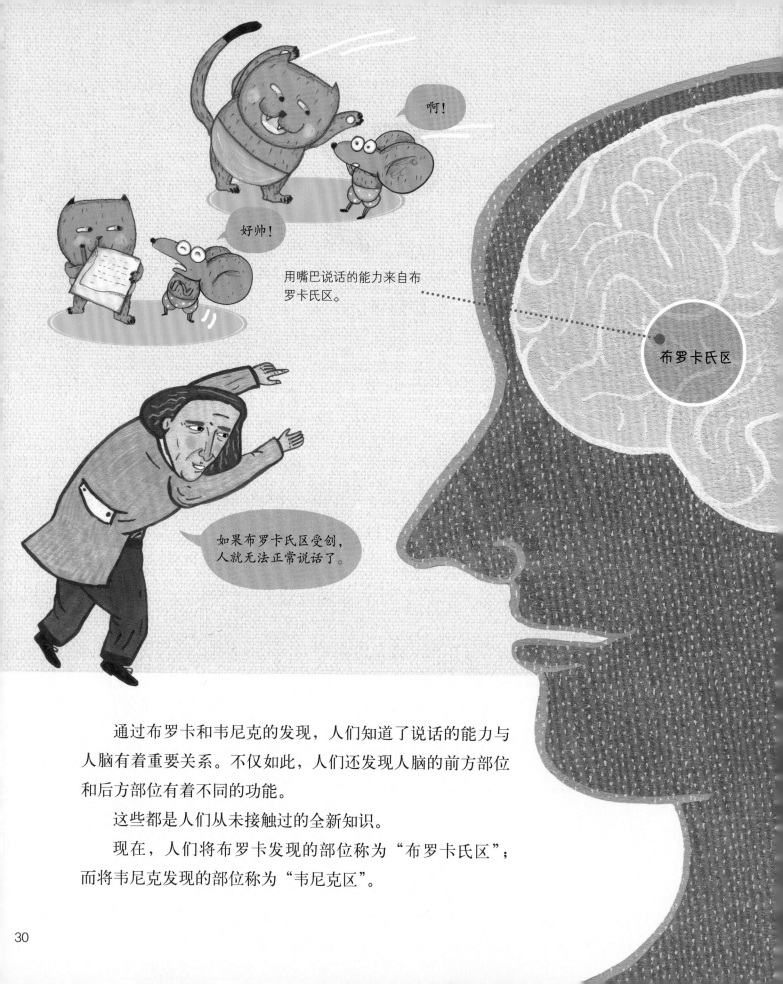

用嘴巴说话的能力来自布
罗卡氏区。

布罗卡氏区

啊!

好帅!

如果布罗卡氏区受创，
人就无法正常说话了。

　　通过布罗卡和韦尼克的发现，人们知道了说话的能力与
人脑有着重要关系。不仅如此，人们还发现人脑的前方部位
和后方部位有着不同的功能。

　　这些都是人们从未接触过的全新知识。

　　现在，人们将布罗卡发现的部位称为"布罗卡氏区"；
而将韦尼克发现的部位称为"韦尼克区"。

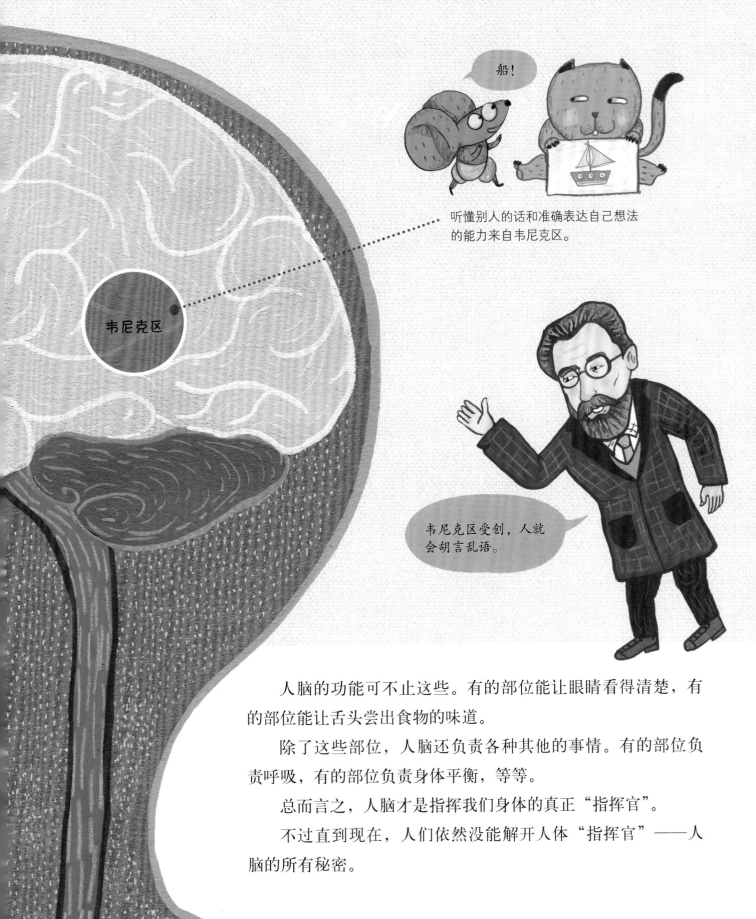

船！

听懂别人的话和准确表达自己想法的能力来自韦尼克区。

韦尼克区

韦尼克区受创，人就会胡言乱语。

　　人脑的功能可不止这些。有的部位能让眼睛看得清楚，有的部位能让舌头尝出食物的味道。

　　除了这些部位，人脑还负责各种其他的事情。有的部位负责呼吸，有的部位负责身体平衡，等等。

　　总而言之，人脑才是指挥我们身体的真正"指挥官"。

　　不过直到现在，人们依然没能解开人体"指挥官"——人脑的所有秘密。

脑

人脑是如何划分的呢？

人脑的四分之三是大脑，主要负责思考；其他部位则主要负责与运动或生命有关的事情。

脑是指挥动物身体所有工作的重要器官。它被坚硬的颅骨保护着，分别由大脑、间脑、小脑、脑干组成。人脑的各个部位都有特定的功能，因此只要受伤，人就可能会失去某种能力。

负责有关思考、说话、感觉等活动。

大脑

间脑

脑干　小脑

将感觉信号传递给大脑。

由中脑、脑桥、延脑组成。主要辅助消化、呼吸、心跳等活动。

保持身体的平衡。

大脑的各个部位都负责什么活动？

大脑的外部有很多褶皱，看上去就像一个巨大的核桃仁。

唤醒需要的记忆，进行判断和思考。

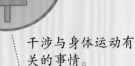

干涉与身体运动有关的事情。

让耳朵听到声音。

说话、记忆单词。布罗卡氏区和韦尼克区的功能也与语言有关。

运动

味觉

记忆

布罗卡氏区

韦尼克区

听觉

嗅觉

海马体

学习　语言

视觉

让鼻子闻到气味。

让舌头尝到味道。

位于内部的海马体具有记忆功能。

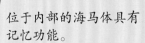

让眼睛看到东西。

33

测谎仪和人脑

　　测谎仪是一种检测人有没有说谎的机器。

　　人在说谎时会心跳加快。最初的测谎仪就是利用这种原理制造出来的。假如一个人绝对是罪犯，但他却百般抵赖自己的罪行。遇到这种情况，我们就可以给他戴上测谎仪，再对他进行审问。"有人说曾在那个地方看到过你，现在你还有什么好说的？""那人不是我，我绝对没做过这种事情。"如果这时，他的心跳突然加快，那他就有可能撒了谎。

　　更加先进的测谎仪能够探测到人的脑电波。当有人说谎时，他的脑部会产生微弱的电流，从而令脑电波出现剧烈的起伏。

　　目前最先进的测谎仪甚至已经配上了可以拍摄出人脑活动的仪器。当有人说谎时，他脑中的某部位会被"启动"。只要将那一幕拍下来，人们就能判断出那个人有没有说谎了。不过，测谎仪也有出错的时候，毕竟人们还未探明人脑的所有功能。

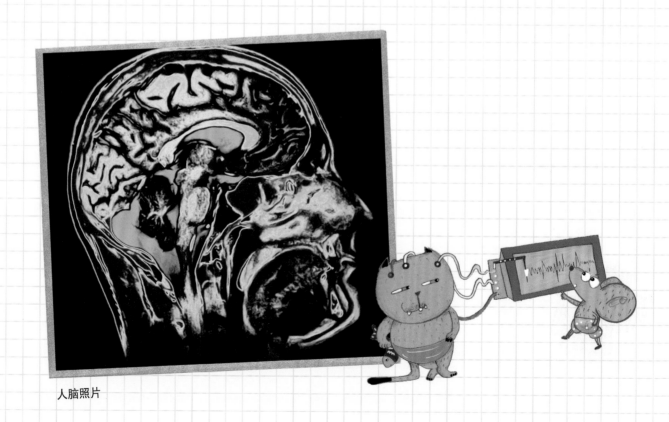

人脑照片

什么时候才能全部解开我们身体的秘密呢?

从很久以前开始,科学家们就试图弄清人体的秘密。在他们的努力下,我们了解到体内的骨骼和肌肉、内脏器官的存在情况,同时也知道血液是通过心脏进行循环的。另外,我们还知道是人脑指挥我们的身体、控制我们的心情的事实。但这不意味着我们已经掌握了人脑的所有功能。因此,科学家们对人脑的研究依然在持续着。

📖 2世纪

古代医学体系的出现

盖伦解剖了身体结构与人相近的猴子，为人们了解人体内部构造提供了很大的帮助。

📖 1543年

人体解剖和观察

维萨里不仅亲自解剖和观察人体，还把自己观察的内容和所绘的插图编在一起，出了一本叫《人体的构造》的书。

📖 1628年

发现血液循环的规律

哈维发现了血液循环的规律，即心脏在跳动时，泵出的血液会经过全身，再次返回到心脏。

📖 标记的部分是正文中出现的内容。

19世纪
布罗卡氏区和韦尼克区的发现

布罗卡发现人脑中与说话能力有关的布罗卡氏区。之后，韦尼克又发现与表达能力有关的韦尼克区。

1936年
发现神经传递物质

医生勒维发现当神经组织把刺激传递给肌肉时，人体会分泌出一种神经传递物质。

现在

通过探索人脑的秘密和观察人的无意识举动，科学家们正在努力解决人体出现的各种问题。相信不久的将来，我们一定能够彻底解开有关人类心灵和身体的所有秘密。

图字：01-2019-6047

图书在版编目（CIP）数据

身体的故事 /（韩）李兴宇文；（韩）金淑景绘；千太阳译 . —北京：东方出版社，2020.7
（哇，科学有故事！. 第一辑，生命·地球·宇宙）
ISBN 978-7-5207-1481-5

Ⅰ.①身… Ⅱ.①李…②金…③千… Ⅲ.①人体—青少年读物 Ⅳ.① R32-49

中国版本图书馆 CIP 数据核字（2020）第 038675 号

哇，科学有故事！生命篇·身体的故事
（WA，KEXUE YOU GUSHI! SHENGMINGPIAN·SHENTI DE GUSHI）

作　　者：［韩］李兴宇 / 文　［韩］金淑景 / 绘
译　　者：千太阳

策划编辑：鲁艳芳　杨朝霞
责任编辑：杨朝霞　金　琪
出　　版：東方出版社
发　　行：人民东方出版传媒有限公司
地　　址：北京市西城区北三环中路6号
邮　　编：100120
印　　刷：北京彩和坊印刷有限公司
版　　次：2020年7月第1版
印　　次：2020年7月北京第1次印刷　2021年9月北京第4次印刷
开　　本：820毫米×950毫米　1/12
印　　张：4
字　　数：20千字
书　　号：ISBN 978-7-5207-1481-5
定　　价：398.00元（全14册）
发行电话：（010）85924663　85924644　85924641

✒ 文字 [韩]李兴宇

毕业于首尔大学师范学院生物教育专业，毕业后在首尔科学高中担任科学英才辅导老师。觉得最快乐的事情就是给孩子们讲生物故事。主要作品有《沃森讲的DNA的故事》《胡克讲的细胞的故事》《像宇宙一样神秘的大脑的世界：大脑科学》《自信满满的科学书：生物》等众多科普图书。此外还编写了《中学科学》（1、2、3）和《高中生物》（Ⅰ、Ⅱ）等教科书。

🎨 插图 [韩]金淑景

出生于首尔，毕业于汉阳女子大学美术系。后来在英国金斯顿大学攻读API课程。主要作品有《随心所欲机器人》（1、2）《日历是怎样制作而成的呢？》《路的拐角，幸运小猪》等。2007年在博洛尼亚国际童书展上被评为"今年的插画家"。

哇，科学有故事！（全33册）

扫一扫
看视频，学科学